Ernst Probst

Orang Pendek - Der kleine Affenmensch auf Sumatra

Mit Zeichnungen von Shuhei Tamura

Der GRIN Verlag publiziert seit 1998 wissenschaftliche Arbeiten von Studenten, Hochschullehrern und anderen Akademikern als eBook und gedrucktes Buch. Die Verlagswebsite www.grin.com ist die ideale Plattform zur Veröffentlichung von Hausarbeiten, Abschlussarbeiten, wissenschaftlichen Aufsätzen, Dissertationen und Fachbüchern.

Ernst Probst

Orang Pendek - Der kleine Affenmensch auf Sumatra

Mit Zeichnungen von Shuhei Tamura

GRIN Verlag

1. Auflage 2013
Copyright © 2013 GRIN Verlag GmbH
http://www.grin.com
Druck und Bindung: Books on Demand GmbH, Norderstedt Germany
ISBN 978-3-656-41763-7

*Affenmensch ,,Orang Pendek" auf Sumatra,
Zeichnung von Shuhei Tamura*

Ernst Probst

Orang Pendek

Der kleine Affenmensch
auf Sumatra

*Belgischer Zoologe Bernard Heuvelmans (1916–2001),
Zeichnung von Talitha Wittich*

Vorwort

Orang Pendek:
Ein kleiner Affenmensch

Leben im schier undurchdringlichen Regenwald auf der Insel Sumatra heute noch kleine, aber kräftige Affenmenschen namens „Orang Pendek"? Diese rätselhaften Geschöpfe sollen zwischen 80 und 150 Zentimeter groß sein, ein kurzes Fell tragen und auf zwei Beinen gehen. Zahlreiche Augenzeugen glauben, solche „kleinen Menschen" gesehen zu haben.

Die angeblichen Beweise für die Existenz dieser Lebewesen in Form von Augenzeugenberichten, Fotos, Haaren und Fußabdrücken sind sehr umstritten. Worum es sich bei diesen Affenmenschen handeln soll, darüber streiten sich Experten. Befürworter spekulieren, bestimmte Frühmenschen bzw. Urmenschen könnten Vorfahren von „Orang Pendek" gewesen sein. Skeptiker dagegen vermuten, bei vermeintlichen Sichtungen seien tatsächlich existierende Tiere beobachtet und fehlgedeutet worden.

Ernst Probst, der Autor des Taschenbuches „Orang Pendek. Der kleine Affenmensch auf Sumatra", ist weder Kryptozoologe, noch glaubt er an die Existenz von Affenmenschen, die überlebende prähistorische Menschenaffen, Frühmenschen oder Urmenschen wären. Aber er kann nicht ausschließen, dass in abgelegenen Gegenden der Erde noch bisher unbekannte Affen oder Menschenaffen ein verborgenes Dasein führen. Denn von 1900 bis heute sind erstaunlich

Erstmals 1902 wissenschaftlich beschrieben:
der Berggorilla (Gorilla beringei beringei)

viele große Tiere erstmals entdeckt und wissenschaftlich beschrieben worden. Darunter befinden sich auch Primaten wie der Berggorilla (1902), der Kaiserschnurrbarttamarin (1907), der Bonobo (1929), der Goldene Bambuslemur (1986), der Goldkronen-Sifaka oder Tattersall-Sifaka (1988), das Schwarzkopf-löwenäffchen (1990) und der Burmesische Stumpfnasenaffe (2010).

Nach Ansicht von Kryptozoologen, die weltweit nach verborgenen Tierarten (Kryptiden) suchen, leben auf der Erde noch zahlreiche unbekannte Spezies, die ihrer Entdeckung harren. Bisher sind auf unserem „blauen Planeten" etwa 1,5 Millionen Tierarten bekannt. Manche Wissenschaftler vermuten, dass mehr als 15 Millionen Tierarten noch unentdeckt bzw. unbeschrieben sind.

Der verhältnismäßig junge Forschungszweig der Kryptozoologie wurde von dem belgischen Zoologen Bernard Heuvelmans (1916–2001) um 1950 benannt und gegründet. Er sammelte Tausende von Berichten, Legenden, Sagen, Geschichten und Indizien verborgener Tiere und prägte durch seine Fleißarbeit die Kryptozoologie nachhaltig.

Als Zweige der Kryptozoologie gelten die Dracontologie, die sich mit den Wasserkryptiden befasst, die Hominologie, die sich mit Affenmenschen beschäftigt, und die Mythologische Kryptozoologie, welche die Entstehungsgeschichte von Fabelwesen erforscht. Der Begriff Hominologie wurde 1973 durch den russischen Wissenschaftler Dmitri Bayanov eingeführt. In der Folgezeit haben Kryptozoologen verschiedene Untergliederungen der Hominologie vorgeschlagen.

Die Kryptozoologie bewegt sich teilweise zwischen seriöser Wissenschaft und Phantastik. Kryptozoologen wollen nicht glauben, dass unser Planet schon sämtliche zoologischen Geheimnisse preisgegeben hat, obwohl Satelliten re-

*Erstmals 1907 wissenschaftlich beschrieben:
der Kaiserschnurrbarttamarin (Saguinus imperator)*

10

Erstmals 1929 wissenschaftlich beschrieben:
der Bonobo (Pan paniscus)

Erstmals 1986 wissenschaftlich beschrieben:
der Goldene Bambuslemur (Hapalemur aureus)

12

Erstmals 1988 wissenschaftlich beschrieben:
der Goldkronen-Sifaka (Propithecus tattersalli)

Erstmals 1990 wissenschaftlich beschrieben:
das Schwarzkopflöwenäffchen (Leontopithecus caissara)

gelmäßig die ganze Erdoberfläche überwachen. Nach ihrer
Ansicht bleibt das, was unter dem Kronendach tropischer
Regenwälder oder in den Tiefen der Ozeane existiert, selbst
modernster Spionage-Technik verborgen.
Kryptozoologen zufolge gibt es auf der Erde noch erstaunlich viele bisher unbekannte Tierarten zu entdecken.
Auf allen fünf Erdteilen – so glauben Kryptozoologen – leben beispielsweise große Affenmenschen. Die bekanntesten
von ihnen sind „Yeti" im Himalaja, „Bigfoot" in Nordame-
rika, „Orang Pendek" auf Sumatra und „Alma" in der Mongolei. Als Affenmenschen gelten auch „Chuchunaa" in Ostsibirien, „Nguoi Rung" in Vietnam, „De-Loys-Affe" in Süd-
amerika, „Skunk Ape" („Stinktier-Affe") aus Florida,
„Yeren" in China und „Yowie" in Australien.
Affenmenschen heißen – laut „Wikipedia" – „affenähnliche",
das heißt nicht mit allen Merkmalen der Art *Homo sapiens*
ausgestattete Vertreter der „Echten Menschen" (Hominiden).
Sie gehören zu den bekanntesten Landkryptiden.

Schneemensch „Yeti“,
Illustration von Philippe Semeria

Nordamerikanischer Affenmensch „Bigfoot",
Zeichnung von User „Lizard King" bei „Wikipedia"

Affenmensch
„Alma"
in der Mongolei,
Zeichnung von
Shuhei Tamura

Affenmensch
„Chuchunaa"
in Ostsibirien,
Zeichnung von
Shuhei Tamura

Venezianischer Kaufmann
Marco Polo (um 1254–1324)

20

Orang Pendek

Der „kurze Mensch" auf Sumatra

Schon seit Jahrhunderten erzählt man auf dem indonesischen
Teil der Insel Sumatra über Sichtungen des so genannten
„Sumatra Yeti" oder „Orang Pendek" bzw. „Orang Pendak"
(„kurzer Mensch" oder „kleiner Mensch") im schier undurchdringlichen Regenwald. Als einer der Ersten erwähnte der
venezianische Kaufmann Marco Polo (um 1254–1324), der
Zentralasien und China bereiste und 1292 Sumatra besuch-
te, schriftlich den „Sumatra Yeti". Er notierte, auf den Ber-
gen der Insel lebten „behaarte Menschen mit einem Schwanz,
länger als eine Spanne". Seltsamerweise fehlt der Hinweis
auf den Schwanz in allen neueren Berichten über Sichtungen.
Angeblich wurde dieses merkwürdige Geschöpf im Laufe
von Jahrhunderten immer wieder von einheimischen Dorf-
bewohnern, holländischen Kolonisten sowie westlichen Rei-
senden und Wissenschaftlern in abgelegenen Bergwäldern
gesichtet. Übereinstimmend berichteten Augenzeugen von
einem auf zwei Beinen gehenden Lebewesen mit kurzem
Fell sowie mit einer Körperhöhe zwischen etwa 80 und 150
Zentimetern.
1915 entdeckte der Farmer und Zoologe Edward Jacobson
(1870–1944) südlich des Kerinci-Berges auf Sumatra merkwürdige Fußspuren. Sein einheimischer Führer schrieb diese Fußabdrücke einem „Orang Pendek" zu. Jacobson wurde
in Frankfurt am Main geboren und war einer der ersten Forscher, der die Vulkaninsel Krakatau nach dem verheerenden
Ausbruch von 1883 aufsuchte.

Vulkan Kerinci auf Sumatra

Zu den ersten Weißen, die glaubten, auf Sumatra einen „Orang Pendek" erblickt zu haben, gehörte O. J. Oostingh, der Besitzer einer Kaffeeplantage in Dataran. Er sah angeblich 1917 im Urwald eine haarige Kreatur, deren Hals seltsam ledrig, sehr faltig und extrem dreckig wirkte. Der Körper dieses merkwürdigen Geschöpfes hatte etwa die Maße eines mittelgroßen Eingeborenen. Die Schultern erschienen dick und quadratisch und fielen nicht seitlich ab. Weil Oostingh kurz zuvor einen Orang-Utan gesehen hatte, wusste er, dass es sich nicht um einen solchen Menschenaffen handelte. Das Lebewesen ähnelte eher einem monströsen Siamang. Doch ein solcher hat lange Haare und die Kreatur, die Oostingh erspähte, hatte kurze Haare.

Der niederländische Siedler J. van Herwaarden soll 1923 auf der Insel Poleloe Rimau im östlichen Sumatra einen „Orang Pendek" gesichtet haben. Herwaarden verfolgte kurz nach Sonnenuntergang nahe des Flusses Banyuasin ein Wildschwein, als er im Laub eines kleinen Baumes eine Bewegung bemerkte. Der Niederländer schlich sich näher heran und erkannte plötzlich auf einem Ast ein dunkles, behaartes Lebewesen, das sich mit der Vorderseite seines Körpers dicht an den Baumstamm presste. Auf Heerwarden wirkte diese Situation so, als wolle sich dieses Geschöpf möglichst unsichtbar machen und als würde es ahnen, dass es gleich gesehen würde. Dieses Wesen war zwischen 1,20 und 1,50 Meter groß und offenbar weiblich. Sein braunes und nicht behaartes Gesicht wurde von einer bis an die Taille reichenden, zotteligen Mähne umrahmt. Die dunklen Augen und die Ohren wirken menschenähnlich, nicht dagegen die ziemlich großen und kräftigen Zähne. Für einen Augenblick kreuzten sich angeblich die Blicke des Siedlers und der Kreatur, die während der Begegnung immer nervöser geworden sein

Hangelkletterer Gibbon

24

und gezittert haben soll. Als der Siedler sein Gewehr anlegte, rief das mysteriöse Geschöpf angeblich wehleidig „Huhu", worauf ähnliche Laute aus dem Wald zu hören waren. Herwaarden brachte es nicht übers Herz, den Abzug des Gewehrs zu betätigen, weil er plötzlich das Gefühl hatte, einen Mord zu begehen. Dann sprang das Wesen drei Meter tief vom Baum und flüchtete in den Wald.

In der Folgezeit wurde auf Sumatra eine hohe Belohnung für denjenigen ausgesetzt, der einen lebenden oder toten „Orang Pendek" vorlegen würde. Dies verführte manche Jäger zu Fälschungen. Eine der letzten dieser Fälschungen ereignete sich 1932. Damals übergaben vier Eingeborene Wissenschaftlern den Leichnam eines angeblich neugeborenen „Orang Pendek". Doch bald fanden die Forscher heraus, dass es sich um einen auf Sumatra weit verbreiteten Affen namens Lotong handelte. Damit dieser Affe menschenähnlich aussah, hatten die Jäger seinen Körper glattrasiert, seine Nase mit Gewalt umgeformt und seine Wangenknochen zertrümmert.

Schwindeleien mit gefälschen Affenmenschen bewirkten, dass die meisten heutigen Zoologen den „Orang Pendek" für ein Fabelwesen halten. Sie vermuten, bei vermeintlichen Sichtungen des „Orang Pendek" seien tatsächlich existierende Tiere beobachtet worden. Zum Beispiel der kleine Schwarzbär namens Bruan, der bei aufgerichteter Haltung etwa 1,50 Meter groß ist, oder der Menschenaffe Gibbon. Manche Kryptozoologen dagegen halten es für ausgeschlossen, dass die Ureinwohner auf Sumatra ihnen so vertraute Tiere wie den Bruan oder den Gibbon über ‚Jahrhunderte hinweg immer wieder fehlgedeutet hätten. Es könne sich eher um eine bisher unbekannte Art der Menschenaffen handeln.

Sumatra-Tiger
(Panthera tigris sumatrae) im Frankfurter Zoo

Tief im Regenwald von Sabah im malaysischen Teil der Insel Borneo stieß 1970 der renommierte britische Zoologe John MacKinnon auf mehr als zwölf Paare kurzer, breiter und menschenähnlicher Fußabdrücke. Diese stammten angeblich von einer Kreatur namens „Batutut", die mit dem „vietnamesischen Yeti" namens „Nguoi Rung" identisch sein soll. MacKinnon forschte später auch im „Vu-Quang-Naturreservat" in Vietnam. 1993 war er an der Erstbeschreibung eines bis dahin unbekannten großen Säugetieres beteiligt, das Saola *(Pseudoryx nghetinhensis)*, „Vietnamesisches Waldrind", „Vu-Quang-Rind" oder „Vu-Quang-Antilope" genannt wird.

Früher kamen aus ganz Sumatra wiederholt Berichte über Sichtungen von „Orang Pendek". Heute konzentrieren sich die Beobachtungen auf die „Kerinci regency" („Kerinci Regentschaft") in Zentral-Sumatra und dort vor allem auf den „Kerinci Seblat National Park" („TNKS"). Dieser Nationalpark liegt zwei Grad südlich des Äquators und befindet sich im Bukit Burisan-Gebirge. Die dortigen Regenwälder gehören zu den ursprünglichsten auf der Erde. Der unzugängliche Nationalpark ist einer der letzten Lebensräume des Sumatra-Tigers *(Panthera tigris sumatrae)*.

Die englische Journalistin und Reiseschriftstellerin Deborah („Debbie") Martyr hörte im Sommer 1989 bei einer Reise im „Kerinci Seblat National Park" vom „Orang Pendek" und konnte im September jenes Jahres nahe des heute noch aktiven Vulkans Kerinci erstmals seine Fährte betrachten. Seitdem sammelte sie Hunderte von Augenzeugen-Berichten. Mit Unterstützung von „Fauna & Flora International" („FFI") – suchte Martyr auf Sumatra dieses scheue Geschöpf, von dem sie und ihr Team mittlerweile angeblich vier Individuen kennen. Die bisher längste Fährte, bestehend aus 20 Fuß-

Riesenpitta (Pitta caerulea)
im Vogelpark Walsrode (Deutschland)

abdrücken, hinterließ angeblich „Marathon Man". Dem britischen Fotografen Jeremy Holden, der „Debbie" unterstützte, sind keine Aufnahmen geglückt.

Die Expedition von „Debby" Martyr entdeckte in der Tierwelt Sumatras zahlreiche Fußabdrücke und Haarbüschel von „Orang Pendek", die keiner bekannten Tierart zugeordnet werden konnten. Zudem wurden 48 bislang unbekannte Vogelarten gefunden, darunter der Riesenpitta *(Pitta caerulea)*, der auf Sumatra das letzte Mal vor mehr als 100 Jahren beobachtet worden war.

Einheimische, die über ihre eigenen oder fremden Sichtungen berichteten, sprachen gegenüber „Debbie" Martyr mit großer Ehrfurcht über den „Orang Pendek". Laut diesen Schilderungen soll jenes Geschöpf meistens nicht mehr als 90 Zentimeter groß sein. Manchmal wurden aber auch merklich größere Maße genannt. Auf dem Kopf trage „Orang Pendek" einen Kamm wie ein Gorilla und einen Kamm über den Augen. Wenn er Angst habe, zeige er seine breiten Schneidezähne und langen Eckzähne. Erwähnt wurden auch breite Schultern, ein mächtiger Brustkorb, ein hervorstehender Bauch sowie kräftige Arme. Vor allem beeindruckte aber die Körperkraft dieses Affenmenschen. Flüsternd erzählten Einheimische, „Orang Pendek" sei so stark, dass er auf der Suche nach Insekten sogar kleine Bäume schütteln oder entwurzeln könne.

Die Füße des „Orang Pendek" sollen aussehen wie diejenidiejenigen eines menschlichen Kindes. Auch vermeintliche Fußabdrücke des „Orang Pendek" machten diesen Eindruck. Doch Skeptiker verweisen darauf, es könne eine andere auf Sumatra heimische Tierart gesichtet worden sein. Menschlich wirkende Füße in Kindergröße besäße der bis zu 1,40 Meter lange „Malaienbär" *(Helarctos malayanus)*. Außer-

Malaienbär (Helarctos malayanus)
im Wellington Zoo, Neuseeland

dem bevölkerten Gibbons, die einzigen Menschenaffen auf Sumatra, die Urwälder in dieser Gegend. Von ihnen sei bekannt, dass diese gelegentlich von Bäumen herabsteigen und auf dem Erdboden einige Sekunden lang aufrecht gehen. Zur Nahrung des „Orang Pendek" sollen Früchte, Ingwer, Termiten, Süßwasserkrabben, Frösche und nestjunge Vögel gehören. Nach Ansicht von „Debbie" Martyr wird durch die Zerstörung des Lebensraums das Überleben der Affenmenschen-Art stark gefährdet.

„Orang Pendek" und vielleicht andere Affenmenschen auf Sumatra werden von Einheimischen auch als „Uhang Pandak" (lokaler Kerinci-Dialekt), „Sedapa", „Batutut", „Ebu Gogo", „Umang" „Orang Gugu", „Orang Letjo", „Atoe Pandak", „Atoe Rimbo" , „Ijaoe", „Sedabo" oder „Goegoe" bezeichnet. Zu den Augenzeugen gehörten beispielsweise die einheimischen „Suku Anak Dalam" („Children oft the Inner-forest"), die man auch „Orang Kubu", „Orang Batin Smbilan" oder „Orang Rimba" nennt. Dabei handelt es sich um Nomaden, die tradionell in den Urwäldern im Tiefland von Jambi und Süd-Sumatra existierten. In deren Legenden ist „Orang Pendek" seit Jahrhunderten ein Teil ihrer Welt und Mitbewohner des Urwaldes. Benedict Allen, der Autor des Buches „Hunting the Gugu", schrieb, diese Nomaden würden häufig dem „Orang Pendek" Tabak schenken, um ihn glücklich zu machen.

In Bukit Duabelas sprechen die einheimischen Orang Rimba über eine Kreatur namens „Hantu Pendek" („kleiner Geist"), deren Beschreibung am ehesten derjenigen des „Orang Pendek" entspricht. Allerdings ist „Hantu Pendek" in der Gedankenwelt der Orang Rimba kein Tier, sondern ein Geist oder Dämon. Diese Geschöpfe sind angeblich in Gruppen zu fünft oder zu sechst unterwegs, ernähren sich von

Nomaden „Suku Anak Dalam“,
auch „Orang Kubu“, „Orang Batin Smbilan“
oder „Orang Rimba“ genannt

Yamswurzeln und jagen wilde Tiere mit kleinen Äxten. Einzelne Menschen, die ihnen im Urwald begegneten, würden aus dem Hinterhalt überfallen.

An den Ufern des Flusses Makelal am Westrand des Bukit Duabelas erzählen Einheimische eine alte Legende, wie ihre Vorfahren dümmliche Affenmenschen bei einem Jagdausflug überlisteten. Jene Legende rühmt den Verstand und die Vernunft der Menschen entlang des Makelal.

Vom bis zu 1,80 Meter großen Menschenaffen Orang-Utan *(Pongo pygmaeus)* unterscheidet sich der Affenmensch „Orang Pendek" vor allem durch seine geringere Größe von 0,80 bis 1,50 Meter sowie durch seinen aufrechten Gang auf zwei Beinen. Meistens soll er sich am Boden fortbewegen. Angeblich wurde er aber auch auf Bäumen gesichtet. „Orang Pendek" soll eine kurze Körperbehaarung tragen. Als Farbe des Fells wurden von Augenzeugen graubraun, schwarzbraun, rotbraun, goldenbraun, gelb oder orange beobachtet. Zum charakteristischen Gesicht gehören buschige Augenbrauen, große Nasenlöcher und ein fliehendes Kinn. Die große Zehe soll von den anderen Zehen abgespreizt sein so wie ein menschlicher Daumen von den anderen Fingern. Nicht sehr glaubhaft klingt, die Zehen von „Orang Pendek" seien nach hinten gerichtet, womit seine Marschrichtung verschleiert werde.

In allen Augenzeugen-Berichten wird die große Ähnlichkeit von „Orang Pendek" mit Menschen betont. Deswegen spekulieren Kryptozoologen, bestimmte Frühmenschen bzw. Urmenschen wie *Homo erectus* (aufrecht gehender Mensch), dessen Überreste auf der Nachbarinsel Java entdeckt wurden, *Homo floresiensis*, der auf der nahegelegenen Insel Flores lebte, oder *Paranthropus* könnten dessen Vorfahren gewesen sein.

Menschenaffe Orang-Utan
(Pongo pygmaeus)

Dem Online-Lexikon „Wikipedia" zufolge gibt es eine große Zahl von Augenzeugen, die glauben, einen „Orang Pendek" gesehen zu haben. Darunter befinden sich sogar renommierte Wissenschaftler. Auch Haarreste und Fußspuren sollen entdeckt worden sein. Gerissene Einwohner von Sumatra haben in der Vergangenheit rasierte Bälge von Schlankaffen als angebliche Funde von „Orang Pendek" an westlicher Forscher verkauft.

Die bisher vorgelegten Fotos, die angeblich „Orang Pendek" zeigen, waren entweder so schlecht und undeutlich, dass sie unbrauchbar sind oder sie wurden bereits als Fälschungen entlarvt. Im Gegensatz zu anderen Affenmenschen halten viele bekannte Wissenschaftler wegen zahlreicher Hinweise auf „Orang Pendek" dessen Existenz für möglich.

Von 2001 bis 2003 untersuchten Wissenschaftler Abgüsse und Haare, die von drei Engländern namens Adam Davies, Andrew Sanderson und Keith Townley in Kerinci entdeckt worden waren. Dr. David Chivers, ein Primatenforscher an der „University of Cambridge", erklärte, die Fußabdrücke stammten von einem Affen mit einer einzigartigen Mischung von Merkmalen aus Gibbon, Orang-Utan, Schimpanse und Mensch. Er hielt es für möglich, dass in den Urwäldern auf Sumatra ein großer unbekannter Primate existiere. Der australische Experte Hans Brunner verglich die Haare mit denen anderer Primaten und Tiere und kam zu dem Schluss, diese könnten von einer bisher unbekannten Art von Primaten stammen. Der Anthropologe Dr. Todd Disotell an der „New York University" führte an den Haaren eine „DNA"-Analyse durch und entdeckte menschliche „DNA". Aber er warnte, diese „DNA" könne durch Kontamination entstanden oder die ursprüngliche „DNA" zerstört worden sein.

Vulkan Gunung Tuju

36

Im Juni 2003 startete das „Centre for Fortean Zoology"
(„CFZ") eine Expedition auf Sumatra. „CFZ"-Mitglied Dr.
Chris Clark wollte bereits seit Jahren nach „Orang Pendek"
suchen. Teilnehmer dieser Expedition waren auch der Zoologe Richard Freeman und der Wissenschaftsjournalist John
Hare. Bei der Planung der Expedition half die „Orang
Pendek"-Expertin „Debbie" Martyr.
In der Stadt Padang auf Sumtra trafen die Teilnehmer der
„CFZ"-Expedition im Hotel „Dippo International" , wo sie
übernachteten, eines Abends zufällig an der Bar den Augenzeugen Stephano. Der Mittfünfziger erzählte, er habe
1971 einen australischen Forscher namens John Thompson
in den Dschungel des „Kerinci Seblat National Park" begleitet. Als man kleine, menschenähnliche Primaten mit gelb-
lichen Haaren erspähte, hielt Stephano angeblich den Au-
stralier Thompson davon ab, diese Geschöpfe zu erschie-
ßen. Er argumentierte, ein Fluch würde auf demjenigen la-
sten, der eine solche Kreatur töte.
Am nächsten Tag fuhren die Teilnehmer der „CFZ"-Expe-
dition acht Stunden lang auf extrem schlechten Straßen nach
Sungai Penuh und trafen sich dort mit „Debbie" Martyr. Die
ehemalige Journalistin und Reiseschriftstellerin Martyr lei-
tete inzwischen ein Team zur Erhaltung des Tigers auf Sumatra. In ihrer Freizeit befasste sie sich weiterhin mit „Orang
Pendek". „Debbie" erzählte, etwa drei Monate zuvor sei im
Dschungel um den Berg Gunung Tuju und um den großen
Vulkansee „Lake of Seven Peaks" im Nationalpark eine Sich-
tung von „Orang Pendek" erfolgt. Sie kopierte mehrere Karten und erwähnte ein „verlorenes Tal", das einige Tage Fußmarsch vom Vulkansee entfernt, von schroffen Bergwänden
umgeben und in dem bisher noch kein Mensch gewesen sei.
Eigenartigerweise war dieses angeblich „verlorene Tal" auf

Affenmensch „Orang Pendek",
Zeichnung von Shuhei Tamura

Karten eingetragen. Doch „Debbie" meinte: „Wir wissen einfach nicht, was da unten ist".

Die „CFZ"-Expedition wurde von drei Einheimischen begleitet. Einer davon war ein kleiner bebrillter Mann Anfang der dreißig namens Sahar, ein weiterer dessen Bruder John und der Dritte ein älterer Mann namens Arthur. Zunächst etappenweise per Bus und später zu Fuß reiste die Expedition von Sungai Penuh zu den Ausläufern des Berges Gunung Tujnu. Unterwegs wurde John Hare leichenblass, zitterte und seine Haut fühlte sich kalt an. Weil er womöglich an Malaria erkrankt war, ließ man ihn ihm Gästehaus eines Mannes namens Sapandi in Sungi-Penuh zurück, der begeistert Vögel beobachtete und auch schon mal vom „Orang Pendek" gehört hatte. Erst später stellte sich heraus, dass John an einer Lebensmittelvergiftung gelitten hatte.

Im abgelegenen Dorf Sungi-Kuning („Gelber Fluss") wollten die Expeditionsteilnehmer mit einem Mann sprechen, der dort zeitweise gelebt hatte und vor einigen Monaten angeblich einem „Orang Pendek" begegnet war. An einem Abend warteten 23 Menschen in der Pension der Expeditionsteilnehmer auf den vermeintlichen Augenzeugen, um ihm über seine Begegnung zu lauschen. Doch dieser Mann erschien nicht. Womöglich lag dies daran, dass er ein Wilderer war. Er hatte Schlingen überprüft, die er im Dschungel für Hirsche ausgelegt hatte. In einer seiner Schlingen gefangen war angeblich ein kräftig gebauter, aufrecht stehender Affe, der sich befreien wollte. In Panik stieß der Wilderer mit seinem Speer nach dem Affen, doch dieser schnappte den Speer und zerbrach ihn wie einen Zweig. Dann brüllte der vermeintliche Affe so laut, dass der Mann in Ohnmacht fiel. Als er wieder aufwachte, hatte sich der „Orang Pendek" bereits befreit und war in den Dschungel verschwunden.

Anfangs war der Aufstieg auf den rund 3.000 Meter hohen Gunung Tuju nicht allzu anstrengend. Doch mit zunehmender Steigung nahmen die Strapazen zu. Der Weg zum Gipfel mit zahlreichen bemoosten Baumwurzeln als lästigen Hindernissen erschien dem Zoologen Richard Freeman wie eine gigantische Wendeltreppe und der Aufstieg kam ihm endlos vor. Irgendwann brach er völlig erschöpft zusammen und übergab sich. Die anderen Expeditionsteilnehmer halfen ihm, wieder aufzustehen und teilten die Last seines schweren Rücksacks unter sich auf.

Schließlich erreichte die Expedition den Gipfel des Gunung Tuju. Unter sich erblickten die Männer einen vier Kilometer langen, türkisfarbenen See im Krater eines erloschenen oder vielleicht nur ruhenden Vulkans. Laut einer Legende ist der Gunung Tuju die Heimat eines bösen Geistes bzw. Dschinn. Einige Jahre zuvor hat man über dem Vulkansee eine Wasserhose beobachtet. Einmal sollen ein Fischer und sein Boot auf dem See sogar in die Tiefe gesaugt worden sein. Der Mann konnte sich angeblich retten, aber sein Boot tauchte nicht mehr auf.

Auf die Besteigung des Gunung Tuju folgte eine Übernachtung der „CFZ"-Expedition in Hütten gastfreundlicher Fischer am Vulkansee, während draußen ein Sturm tobte. Am nächsten Morgen erwachten die Männer durch Schreie von Gibbons. Fischer brachten sie über den See in jene Gegend, in der ein Camp geplant war. Dort errichteten John und Arthur aus Ästen und Plastikplanen ein Biwak.

Sahar führte die übrigen Expeditionsteilnehmer in den Dschungel. Die hoch aufragenden Urwaldbäume waren von mit Moos bedeckten Reben umrankt und das Moos war mit Pilzen bewachsen. Aus verrottenden Baumstämmen sprossen Baumpilze. Insekten summten und exotische Vögel kreischten. Paradoxerweise kann man in diesem Regenwald trotz größter Konzentration von Lebewesen auf der Erde die meisten Tiere nur schwer erkennen. Sie bleiben unter üppiger Vegetation und im Schatten verborgen.

Zum Glück für die weißen Expeditionsteilnehmer hatten sie den einheimischen Führer Sahar dabei, dem selbst der geringste gebogene Zweig oder ein verlegtes Blatt auffiel. Solche Kleinigkeiten verrieten ihm beispielsweise den Weg eines Tapirs durch die Büsche. Kurze Zeit später bewiesen dreizehige Fußspuren, dass er sich nicht geirrt hatte.

Dank Sahar wurden auch Fußabdrücke, die möglicherweise von einem „Orang Pendek" hinterlassen wurden, entdeckt. Der erste davon war etwa 1,3 Zentimeter in den Urwaldboden eingedrückt und an der Ferse schmaler als vorne. Leider ist dieser Abdruck bereits durch Regen beschädigt worden und eignete sich daher nicht für einen Abguss. Ein wenig später stießen die Männer auf sieben Fußabdrücke, die eine große Pfütze durchquerten. Diese hatten eine ähnliche Größe und Form wie der zuerst gefundene Fußabdruck, waren aber wie dieser ebenfalls beschädigt. Die Gangweise des Geschöpfes, von dem diese Fußabdrücke stammten, war diejenige eines Zweibeiners.

Unweit der verdächtigen Fußabdrücke fielen Sahar einige beschädigte Pflanzen auf, die vermutlich geschält wurden, um jeweils an das Mark im Schaft zu gelangen. Pflanzenmark gilt als eine Lieblingsspeise des „Orang Pendek". Eine Abflachung des Mooses auf einem Baumstumpf könnte vom Sitzen darauf während des Mahles herrühren, wurde gemutmaßt. Die Expeditionsteilnehmer versteckten sich eine Weile schweigend, hörten aber weiterhin nur Insekten und Vögel. Als der Regen zunahm, kehrte man ins Camp zurück.

Schabracken-Tapir (Tapirus indicus)

Am nächsten Morgen durchstreifte man erneut den Urwald. Nach einigen Meilen Fußmarsch entdeckt Sahar an einem Baumstamm in etwa einem Meter Höhe ein 2,5 Zentimeter langes, dunkelgraues Haar. Ganz in der Nähe hatte ein Tier offenbar das Mark von Pflanzen verzehrt. An einer Pflanze konnte man Zahneindrücke erkennen. Der Bissabdruck erreichte eine Breite von etwa zehn Zentimetern. In einiger Entfernung davon wurden etliche Haare, die etwas heller als die zuerst entdeckten wirkten, auf einem Baumstamm in etwa einem Meter Höhe gefunden. Außerdem stieß man auf Kothaufen, die allerdings von Tapiren und Schleichkatzen stammten.

Sahar erzählte den weißen Expeditionsteilnehmern, er habe im Jahre 2000 den Schrei eines „Orang Pendek" gehört. Dieser Laut habe wie „Uhuuuuuuuur-ur-ur" geklungen. Er habe ein seltsames, langgezogenes Stöhnen und zweimaliges Grunzen vernommen. Dies sei ganz anders als bei allen anderen ihm bekannten Tieren gewesen.

Am Tag darauf wählten die Expeditionsteilnehmer einen anderen Weg in den Urwald. Unterwegs erblickten sie riesige Bienen in der Größe kleiner Mäuse, die sie scherzhaft als „B-52" bezeichneten. Weil die Vegetation dichter als bei früheren Märschen in den Urwald war, mussten sich die Männer mit Macheten vorwärts kämpfen. Dieser Lärm verscheuchte zwar viele Tiere, aber die Männer entdeckten an diesem Tag in einem hohlen Baumstamm mehr als 60 kurze und graue Haare.

Nach ihrer Rückkehr in England schickten die Teilnehmer der „CFF"-Expedition ihre vermeintlich wissenschaftlich wertvollen Haarfunde zur Analyse an Dr. Lars Thomas von der Universität Kopenhagen und warteten mit großer Spannung auf das Ergebnis. Es stellte sich heraus, dass die kur-

*Höhle Liang Bua (,, kühle Höhle ")
auf der indonesischen Insel Flores,
Fundort fossiler Knochenreste
des Homo floresiensis*

zen blassen Haare alle von einem Schabracken-Tapir *(Tapirus indicus)* stammten, der vorn und hinten schwarz, aber in der Mitte hellgrau ist. Nicht identifiziert werden konnten damals dagegen die längeren braunen Haare.

Gehörigen Auftrieb erhielten „Orang Pendek"-Fans durch die im September 2003 in der Höhle Liang Bua („kühle Höhle") auf der indonesischen Insel Flores entdeckten fossilen Knochenreste einer ausgestorbenen, kleinwüchsigen Menschenart. Die Grabungen in dieser Höhle erfolgten unter der Leitung von Mike Morwood und Thomas Sutikna. 2004 schlug der Wissenschaftler Peter Brown den Artnamen *Homo floresiensis* („Mensch von Flores") vor.

Das Alter der Überreste von insgesamt mindestens 14 Individuen aus der Höhle Liang Bua wird auf maximal 95.000 Jahre und mindestens 17.000 Jahre geschätzt. In den Fundschichten mit menschlichen Knochen barg man auch Reste von Holzkohle, die vermutlich Feuergebrauch belegen, Steinwerkzeuge aus Vulkangestein und Feuerstein, kleine Messer und Speerspitzen. Außerdem entdeckte man fossile Knochen eines Komodowarans, eines ausgestorbenen, sehr großen Marabus *(Leptoptilos robustus)* und von mindestens zwei Dutzend Tieren einer ausgestorbenen Zwergform des Rüsseltieres *Stegodon*.

Beim ersten und zugleich am vollständigsten erhaltenen Fund („Fossil LB1") von 2003 aus der Höhle Liang Bua handelte es sich um Reste einer etwa 30 Jahre alten Frau mit einer Körperhöhe von nicht viel mehr als einem Meter. Wie die übrigen Funde belegten, war dies offenbar die Durchschnittsgröße von *Homo floresiensis*. Das Körpergewicht des „Fossils LB1" schätzte man auf 16 bis 29 Kilogramm. Das Gehirnvolumen von rund 380 Kubikzentimeter entsprach etwa demjenigen von *Australopithecus*-Vor-

*Heuige Komodowarane
auf Rinca Island (Indonesien)*

46

menschen aus Afrika. Zum Vergleich: Schimpansen besitzen ein ungefähr 400 Kubikzentimeter großes Gehirnvolumen.

Anthropologen und Paläoanthropologen streiten darüber, wie eng die Verwandtschaft von *Homo floresiensis* mit anderen Arten der Gattung *Homo* ist. Die Entdecker leiteten *Homo floresiensis* bereits 2004 als Inselverzwergung stammesgeschichtlich von *Homo erectus* ab. Andere Wissenschaftler vermuteten, es könne sich auch um eine krankhaft veränderte Population des *Homo sapiens* gehandelt haben. Doch spätere Befunde deuteten darauf hin, dass *Homo floresiensis* eine klar unterscheidbare Art war. Während auf Nachbarinseln bereits seit Jahrtausenden moderne Menschen der Art *Homo sapiens* lebten, hat auf Flores noch eine zweite Art der Gattung *Homo*, nämlich *Homo floresiensis,* existiert.

Etwa hundert Kilometer von der Höhle Liang Bua entfernt liegt die Fundstelle Wolo Sege. Dort fand man Steinwerkzeuge, die – Altersdatierungen zufolge – rund eine Million Jahre alt sein sollen. Dies wird als weiteres Indiz für eine frühe Besiedlung der Insel und für eine eventuell langfristige „Verzwergung" früher Homini auf Flores gedeutet. Möglicherweise ist *Homo floresiensis* durch einen Vulkanausbruch vor etwa 13.000 Jahren ausgelöscht worden. *Homo sapiens* ist dort erstmals vor etwa 11.000 Jahren nachgewiesen.

Neben dem wissenschaftlichen Artnamen *Homo floresiensis* wird der „Mensch von Flores" wegen seiner geringen Körpergröße – angelehnt an kleinwüchsige Phantasiewesen – scherzhaft auch als „Hobbit" bezeichnet. „Hobbits" oder „Halblinge" sind fiktive, etwa 60 Zentimeter bis 1,20 Meter große menschenähnliche Wesen in der Fantasiewelt „Mittel-

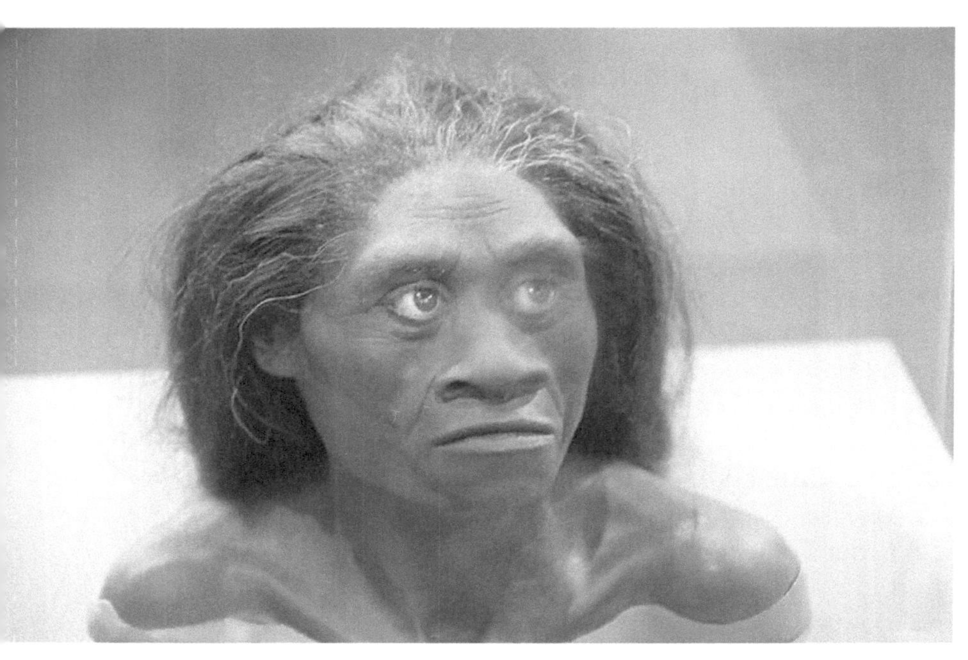

*Rekonstruktion eines weiblichen Homo floresiensis
in der „Hall of Human Origins"
des „Smithsonian Museums of Natural History"
in Washington, D.C.*

erde" des britischen Autors John Ronald Revel Tolkien (1892–1973).

Von Einheimischen erfuhr der australische Wissenschaftler Richard Roberts vom so genannten „Ebu Gogo", dem ihre Vorfahren noch begegnet seien. Es hieß: „Die Ebu Gogo waren winzig wie kleine Kinder, außer im Gesicht komplett behaart und hatten lange Arme und einen runden Trommelbauch. Sie murmelten ständig in einer unverständlichen Sprache, plapperten aber auch nach, was wir ihnen sagten". Der letzte „Ebu Gogo" soll erst kurz vor der Kolonisation der Insel Flores durch die Niederländer verschwunden sein.

Der Kryptozoologe Richard Freeman räumte dem „Orang Pendek" in einer Liste der am höchstwahrscheinlich existierenden Kryptiden im „Animals & Men Magazin" hinter dem Beutelwolf den zweiten Platz ein. Sein Vergleich hinkt allerdings: Denn der einst auf Tasmanien heimische Beutelwolf oder Zebrahund *(Thylacinus cynocephalus)* ist kein Kryptide. Eines der letzten dieser Beuteltiere war in einem Zoo zu bewundern und wurde dort gefilmt. Diesen Film kann man im Videoportal „YouTube" sehen.

2005 startete im „Kerinci Seblat National Park" ein von „National Geographic" finanziertes und von Dr. Peter Tse vom „Dartmouth College" geleitetes Projekt, bei dem die Existenz von „Orang Pendek" fotografisch dokumentiert werden sollte. Dieses Projekt endete 2009 ohne Erfolg.

In der englischsprachigen „Wikipedia" werden vor allem drei Erklärungen über die Identität von „Orang Pendek" erwähnt. 1. Bei allen Sichtungen von „Orang Pendek" könnte es sich um Fehldeutungen tatsächlich beobachteter heimischer Tiere handeln. 2. Augenzeugen von „Orang Pendek" könnten eine bisher unbekannte Art von Primaten beschrieben haben. 3. Im Dschungel auf Sumatra könnte eine überlebende

*Beutelwolf oder Zebrahund (Thylacinus cynocephalus)
aus Tasmanien im Hobart Zoo.
Das Foto von Benjamin A. Sheppard entstand 1928,
einen Tag, bevor dieses Tier starb.*

Art früher Homoniden überlebt haben. Außer acht gelassen wurden dabei eingebildete oder erlogene Sichtungen.

Die Gegend bei Bangko und am 3.805 Meter hohen Vulkan Kerinci auf Sumatra soll die Heimat eines weiteren legendären Kryptiden sein. Dabei handelt es sich um eine Raubkatze namens Cigau, die etwas kleiner als ein Tiger sein soll. Sie trägt angeblich ein goldenes Fell ohne Streifen oder Flecken und eine löwenähnliche Mähne. Wie bei einer Hyäne sollen die Vorderbeine merklich länger als die Hinterbeine sein. Im Verhältnis zum Körper ist der Schwanz angeblich relativ kurz. Wie manches andere mythische Monster gilt der Cigau als Menschenfresser mit einem unstillbaren Appetit auf Menschenfleisch.

Tatsache ist: Auf Inseln wie Sumatra können Restbestände von Tieren, die auf dem Festland ausgestorben sind, bis in die Gegenwart überleben. Man denke nur an die bis zu 75 Zentimeter lange Brückenechse *Sphenodon punctatus,* die auf kleinen neuseeländischen Inseln in Höhlen lebt und sich von Insekten ernährt. Diese Echse gilt als letzter Vertreter der seit mehr als 250 Millionen Jahren nachweisbaren Brückenechsen und als „lebendes Fossil".

„Lebendes Fossil“:
Brückenechse Sphenodon punctatus

Autor Ernst Probst

Der Autor

Ernst Probst, geboren am 20. Januar 1946 in Neunburg vorm Wald im bayerischen Regierungsbezirk Oberpfalz, ist Journalist und Buchautor. Er arbeitete von 1968 bis 1971 als Redakteur bei den „Nürnberger Nachrichten", von 1971 bis 1973 in der Zentralredaktion des „Ring Nordbayerischer Tageszeitungen" in Bayreuth und von 1973 bis 2001 bei der „Allgemeinen Zeitung", Mainz. Von 2001 bis 2006 war er zunächst als Buchverleger und später auch weltweit als Fossilien- und Antiquitätenhändler aktiv

In seiner Freizeit schrieb Ernst Probst vor allem populärwissenschaftliche Artikel für die „Frankfurter Allgemeine Zeitung", „Süddeutsche Zeitung", „Die Welt", „Frankfurter Rundschau", „Neue Zürcher Zeitung", „Tages-Anzeiger", Zürich, „Salzburger Nachrichten", „Oberösterreichische Nachrichten", Linz, „Die Zeit", „Rheinischer Merkur", „Deutsches Allgemeines Sonntagsblatt", „bild der wissenschaft", „kosmos", „Deutsche Presse-Agentur" (dpa), „Associated Press" (AP) und den „Deutschen Forschungsdienst" (df).

Aus der Feder von Ernst Probst stammen zahlreiche Beiträge der Buchreihe „Geschichten, die die Forschung schreibt" sowie die Bücher „Deutschland in der Urzeit" (1986), „Deutschland in der Steinzeit" (1991), „Rekorde der Urzeit" (1992), „Dinosaurier in Deutschland" (1993 zusammen mit Raymund Windolf) und „Deutschland in der Bronzezeit" (1996). Von 1986 bis heute veröffentlichte Probst mehr als 200 Bücher, Taschenbücher, Broschüren und E-Books.

Literatur

Vorwort
KRYPTOZOOLOGIE http://wikipedia.org/wiki/Kryptid

Orang Pendek
BROWN, Peter: A new small-bodied homin from the Late
Pleistocene of Flores, Indonesia, Nature, Band 431, S.
1055–1061, London 2004
DAMMERMAN, Karel Willem: De Orang Pandak van
Sumatra, Tropische Natuur, 13, 12, S. 177–182,
Weltevreden 1924
DAMMERMAN, Karel Willem: The Orang Pendek or
Ape Man of Sumatra, Proc. 4th Pacific Sci. Congr., vol.
III, Biological Papers, Batavia-Bantoeng 1930
DAMMERMAN, Karel Willem De Nieuw-ontdekte Orang
Pendek, Tropische Natuur, 21, 8, S. 123–131, Weltevreden
1932
HERWAARDEN, J. van.: Een Ontmoeting met een
Aapmensch, Tropische Natuur, S. 103–106, Weltevreden
1924
HOBBIT, Wikipedia http://de.wikipedia.olrg/wiki/Hobbit
HOMO FLORESIENSIS Wikipdia
http://de.wikipedia.org/wiki/Homo_floresiensis
JACOBSON, Edward: Rimboeleven in Sumatra,
Tropische Natuur, 6, S. 69, Weltevreden 1917
JACOBSON, Edward: Nog eens de Orang pandak,
Tropische Natuur, 7, S. 173, Weltevreden 1918
MAIER, R.: De Orang pandak of Orang pendek,
Tropische Natuur, 12, 154, Weltevreden 1923
ORANG PENDEK, Wikipedia http://de.wikipedia.org/

Orang_Pendek
PIJL, Leendert van den: De Orang Pendek als
Sneeuwman, Tropische Natuur, 27, S. 53, Weltevreden
1938
MARTYR, Deborah: An Investigation of the orang-
pendek, the „Short Man" of Sumatra, Cryptozoology,
9/1990, S. 57–65
STAUDINGER, Paul: Einige Angaben über den Orang
Pendek oder Orang Letjo, S. B., Gesellschaft natur-
forschender Freunde zu Berlin 1932
WESTENEK, Louis Constant: Orang Pandak (Bosch-
menschen) of Soematra, Tropische Natuur, 7, S. 108,
Weltevreden 1918
WONG, Kate: Die Zwerge von Flores, Spektrum der
Wissenschaft, S. 30–39, Heidelberg, März 2005

Bildquellen

Bücher von Ernst Probst

Als Mainz noch nicht am Rhein lag

Archaeopteryx. Die Urvögel aus Bayern

Affenmenschen. Von Bigfoot bis zum Yeti

Bigfoot. Der nordamerikanische Affenmensch

Chuchunaa. Der sibirische Affenmensch

Der De-Loys-Affe. Ein Menschenaffe in der Neuen Welt?

Nguoi Rung: Der vietnamesische Affenmensch

Orang Pendek. Der kleine Affenmensch auf Sumatra

Skunk Ape. Der Affenmensch in Florida

Yeren. Der chinesische Affenmensch

Yeti. Der Schneemensch im Himalaja

Yowie. Der australische Affenmensch

Das Moustérien. Die große Zeit der Neanderthaler

Das Rätsel der Großsteingräber. Die nordwestdeutsche
Trichterbecher-Kultur

Menschenaffen am Ur-Rhein. Paidopithex,
Rhenopithecus und Dryopithecus

Monstern auf der Spur. Wie die Sagen über Drachen,
Riesen und Einhörner entstanden

Nessie. Das Monsterbuch

Rekorde der Urmenschen. Erfindungen, Kunst
und Religion

Rekorde der Urzeit. Landschaften, Pflanzen und Tiere

Säbelzahnkatzen. Von Machairodus bis zu Smilodon

Bestellungen bei: http://www.grin.com